1 Zum Lösen von linearen Gleichungssystemen gibt es vier rechnerische Lösungsverfahren:

- Gleichsetzungsverfahren
- Einsetzungsverfahren
- Additionsverfahren
- Subtraktionsverfahren

a Löse folgendes Gleichungssystem mit dem **Gleichsetzungsverfahren**.

I. $x - 2y = 20$

II. $x - 3y = 18$

Tipp

Löse zunächst beide Gleichungen nach einer Variablen auf. ■

b Löse folgendes Gleichungssystem mit dem **Einsetzungsverfahren**.

I. $x + 3y = 4$

II. $3x + 10y = 14$

Tipp

Löse eine der beiden Gleichungen nach einer Variablen auf und setze dann den Term in die andere Gleichung ein. ■

c Löse folgendes Gleichungssystem mit dem **Additionsverfahren**.

I. $3x + 4y = -4$

II. $-3x + 6y = 14$

Tipp

Zwei Zahlfaktoren vor einer der Variablen im Gleichungssystem unterscheiden sich nur im Vorzeichen. ■

d Löse folgendes Gleichungssystem mit dem **Subtraktionsverfahren**.

I. $3x + 6y = 24$
II. $3x + 3y = 15$

Tipp
Zwei Zahlfaktoren vor einer der Variablen im Gleichungssystem haben das gleiche Vorzeichen. ■

2 Die Klasse 10A fährt mit dem Bus zu einer Studienfahrt nach Berlin (Entfernung: 500 km). Die durchschnittliche Reisegeschwindigkeit beträgt $60\,\frac{\text{km}}{\text{h}}$. Die Abfahrt von der Schule erfolgt morgens um 6:00 Uhr. Die Parallelklasse 10B will ebenfalls nach Berlin. Sie hat einen anderen Bus gechartert, der es auf eine Durchschnittsgeschwindigkeit von $100\,\frac{\text{km}}{\text{h}}$ bringt. Die Abfahrt von der Schule erfolgt um 8:00 Uhr.

a Es liegt eine Zuordnung
x (Uhrzeit in h) $\rightarrow$ y (Gesamtstrecke in km)
vor. Erstelle für beide Reiseverläufe eine Wertetabelle.

Wertetabelle für Klasse 10A:

Uhrzeit in h	6:00	7:00	8:00	9:00	10:00	11:00	12:00	13:00	14:00	15:00
Gesamtstrecke in km	0	60	120							

Wertetabelle für Klasse 10B:

Uhrzeit in h	6:00	7:00	8:00	9:00	10:00	11:00	12:00	13:00	14:00	15:00
Gesamtstrecke in km										

b Zeichne die Grafen für beide Klassen während der Fahrzeit.

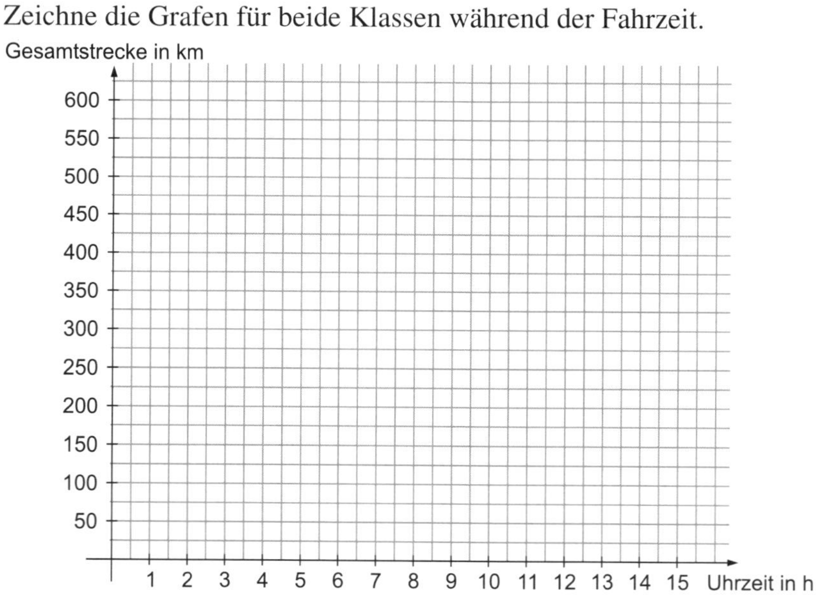

Tipp
Verwende verschiedene Farben zum Zeichnen und beschrifte die Grafen, damit du sie leicht auseinanderhalten kannst. ■

c Wie lauten die jeweiligen Funktionsgleichungen?

d Wann (Uhrzeit) überholt die 10B die 10A?

Begründung anhand des Grafen aus Teilaufgabe b:

Rechnerische Begründung:

e Wie weit sind die beiden Busse um 10:00 Uhr voneinander entfernt?

3 Clara und Mattes besuchen beide die Realschule der Gemeinde. Clara hat einen ca. 6 km langen Schulweg. Mattes wohnt näher an der Schule. Beide starten zur gleichen Uhrzeit von zu Hause. Das Diagramm beschreibt den Schulweg der beiden.

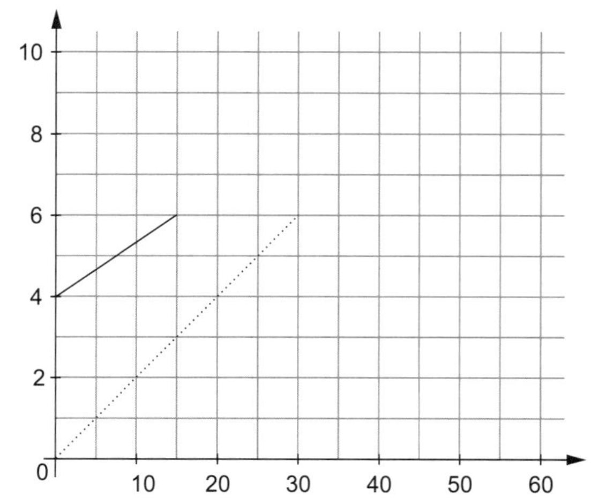

a Überlege zunächst, was auf den beiden Achsen im Diagramm dargestellt ist.

b Welche Linie gehört zu Mattes? Begründe.

c Wie weit wohnt Mattes von der Schule entfernt?

d Wer hat die größere Durchschnittsgeschwindigkeit auf seinem Weg zur Schule? Begründe.

e Mit welcher Zeitdifferenz treffen die beiden an der Schule ein?

f Mit welcher durchschnittlichen Geschwindigkeit ist Clara zur Schule gekommen? Begründe rechnerisch.

g Welches Verkehrsmittel hat Clara vermutlich gewählt? Begründe deine Vermutung.

Tipp

Ein Fußgänger ist mit etwa 5 km pro Stunde unterwegs, ein Radfahrer mit etwa 15 – 20 km pro Stunde. ■

4

Aus einem Regenvorratsbecken mit 10 000 Litern Inhalt werden täglich 400 Liter entnommen.

a Zeichne den Grafen der Funktion.

Tipp

Erstelle zunächst eine geeignete Wertetabelle. ■

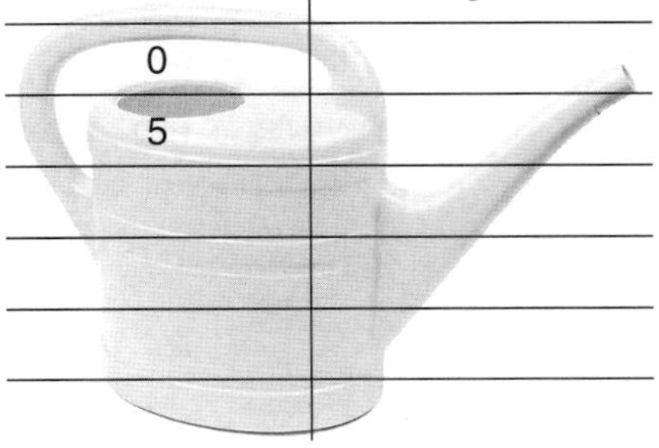

Tage	Menge in ℓ
0	
5	

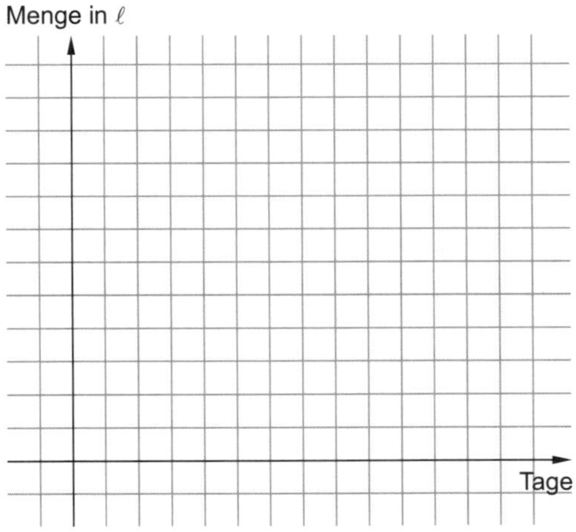

b Notiere die zugehörige Funktionsgleichung.
Definiere die Variablen, die du benutzt.

Tipp

Stelle für die Leerung des Regenvorratsbeckens eine Funktionsgleichung auf. ■

c Wie viel Liter sind nach 6 Tagen noch im Becken?

d Nach wie vielen Tagen sind noch 6 400 Liter im Becken?

5 Abgebildet sind vier Gefäße, die mit demselben (gleichmäßigen) Wasserstrahl gefüllt werden.

a Zeichne jeweils einen möglichen Grafen für die Wasserfüllhöhe in Abhängigkeit von der Zeit. Beachte, dass alle Gefäße bis zum Rand gefüllt werden.

Tipp

An den schmaleren Stellen steigt der Wasserstand schneller, an den breiteren langsamer. ■

b Der Füllvorgang von Gefäß 3 kann mit der Funktionsgleichung $y = 8x$ (x: Füllzeit in Minuten; y: Füllhöhe in Zentimetern) beschrieben werden. Gib eine mögliche Funktionsgleichung für Gefäß 1 an.

Tipp

Ziehe auch die Grafen aus Teilaufgabe a bei deinen Überlegungen mit ein. ■

c Warum ist der Füllvorgang bei Gefäß 2 kein linearer Vorgang? Begründe.

6 Jugendliche geben seit einigen Jahren viel Geld für das Internet aus. Wer einen Internetanschluss hat, kann heute mit besonderen Angeboten (Freiminuten, Flatrate, …) seine Kosten gering halten.
Hier sind sechs Internet-Tarife (A–F) als Graf angegeben.

Graf A

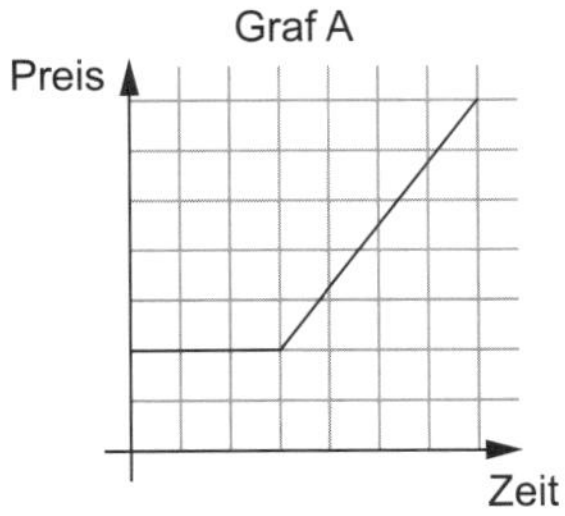

Graf B

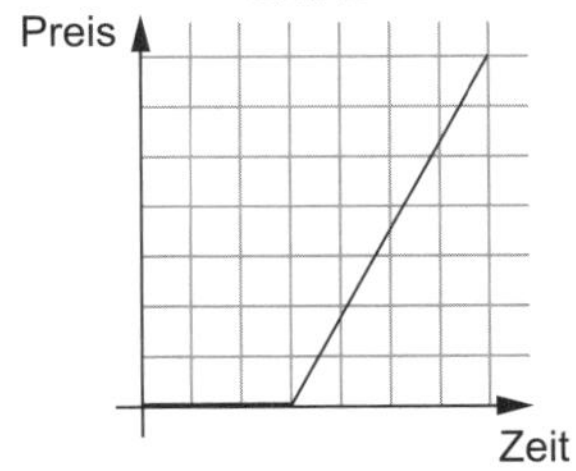

Graf C

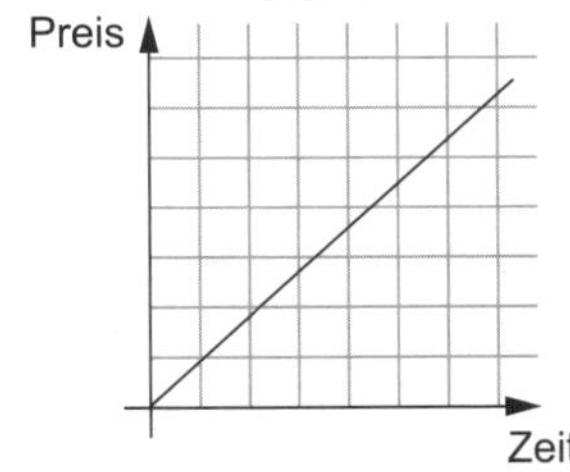

Graf D

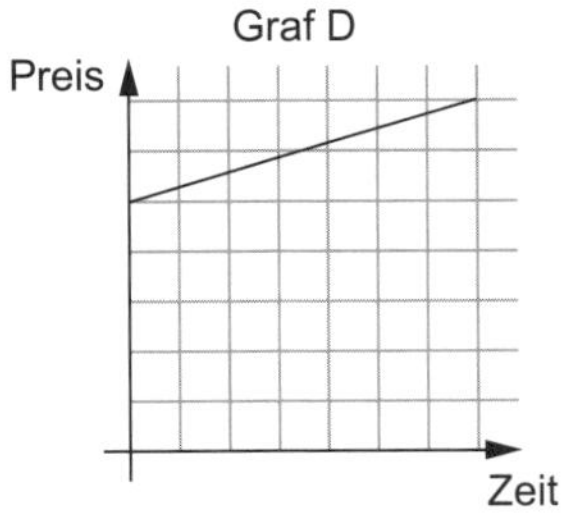

Graf E

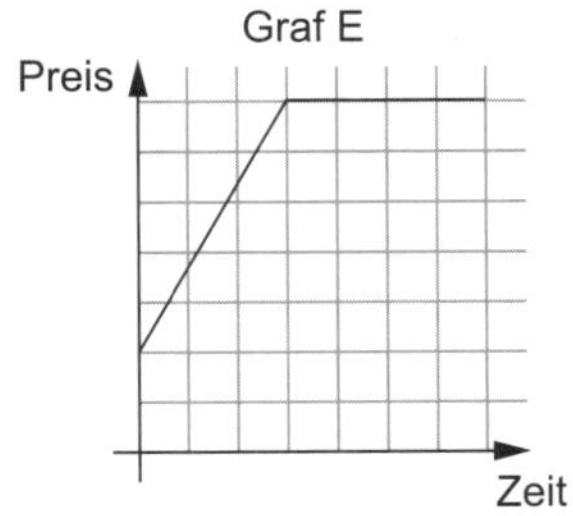

Graf F

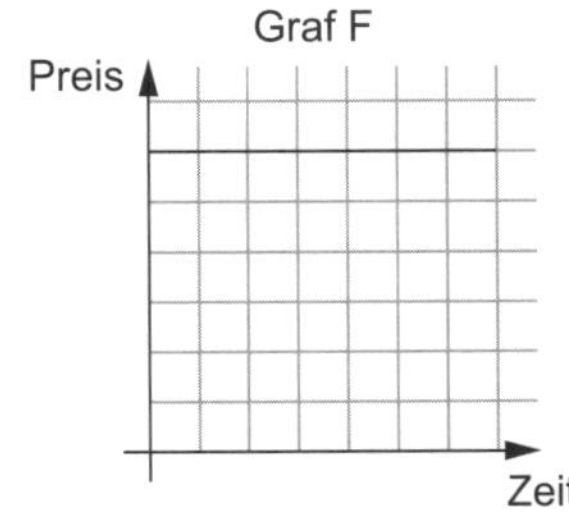

Viele Internetanbieter wollen für ihre Tarife werben. Dazu nutzen sie häufig Werbesprüche, um Kunden anzulocken. Hier sind sechs solcher Werbeslogans:

Werbeslogan 1: **Keine Grundgebühr! – Bei uns sind die ersten Stunden gratis.**

Werbeslogan 2: **Je mehr du surfst, desto geringer sind deine monatlichen Kosten!**

Werbeslogan 3: **Faire Sache: Ohne Grundgebühr – Pro Minute ein fester Verbindungspreis**

Werbeslogan 4: **Die ersten Stunden surfst du pro Minute sehr günstig, danach halbiert sich der Preis sogar!**

Werbeslogan 5: **Flatrate-Surfen. Egal wie lange du surfst – immer ein Preis!**

Werbeslogan 6: **Genial: Niedrigste Verbindungspreise pro Minute bei höherer Grundgebühr!**

a Welche Anbieter (Graf A–F) erheben eine Grundgebühr?

b Ordne passende Werbeslogans (1–6) und Grafen (A–F) einander zu.
Beachte: Nicht zu jedem Grafen passt ein Werbeslogan.

c Formuliere selber einen Werbeslogan zu einem Grafen, dem kein passender Slogan zugeordnet werden konnte.

d Welche/r Anbieter (Graf A–F) eignen/eignet sich für Personen, die das Internet sehr viel nutzen? Begründe.

e Peter sagt: „*Ich kann Tarife auch als Funktionsgleichungen ausdrücken. Bei meinen Gleichungen bedeutet x die Anzahl der Minuten, die ich surfe, und y sind die Kosten in Euro.*“
Funktionsgleichung I: $y = 0{,}015x + 3{,}95$
Funktionsgleichung II: $y = 12{,}50$
Zu welchen Grafen (A–F) passen Peters Funktionsgleichungen?

f Gib eine mögliche Funktionsgleichung für den Tarif von Graf C an.

7 a Welche der folgenden Gleichungen lassen sich linearen oder antiproportionalen Funktionen zuordnen?
Welche der Gleichungen gehören nicht dazu? Begründe jeweils.

A: $y = 2x + 3$ **B:** $3 = x \cdot y$ **C:** $y = x^2$ **D:** $3y = 3 - \frac{3}{x}$ **E:** $3y = 3 - \frac{x}{3}$

b Schreibe eine mögliche Rechengeschichte zu folgender Funktion: $y = 0{,}15x + 4{,}95$

c Die folgenden Wertetabellen sind durch zwei Funktionsgleichungen entstanden.

Wertetabelle zu A:

x	0		2	3	4
y	3	5		9	

Wertetabelle zu B:

x	1	2	3	4
y	24		8	

Leider sind die Funktionsgleichungen teilweise unkenntlich gemacht:

A: $y = 2 \cdot ☆ + ☆$ **B:** $x ☆ y = 24$

Wie lauten die Funktionsgleichungen? Ergänze anschließend die Wertetabellen und zeichne die zugehörigen Grafen.

Funktionsgleichung zu A:

Funktionsgleichung zu B:

Graf zu A:

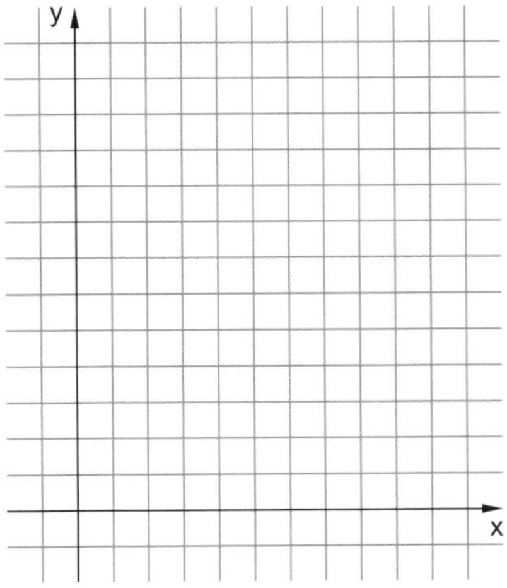

Graf zu B:

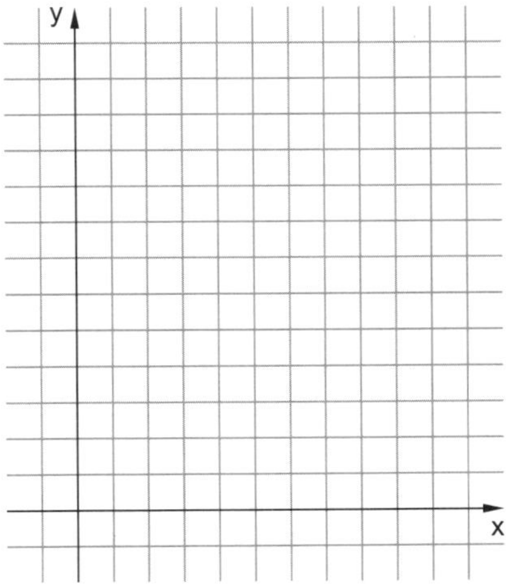

8 a Berechne die Quadratzahlen.

$12^2 =$ $\quad 20^2 =$ $\quad 0{,}5^2 =$

$\left(4\frac{1}{2}\right)^2 =$ $\quad 0{,}05^2 =$ $\quad \left(\frac{7}{8}\right)^2 =$

Tipp

Wird eine positive Zahl x quadriert, so erhält man die Quadratzahl a: $x^2 = a$ ■

b Berechne die Quadratwurzeln.

$\sqrt{9} =$ $\quad \sqrt{289} =$ $\quad \sqrt{0{,}36} =$

$\sqrt{\frac{0{,}0064}{0{,}0001}} =$ $\quad \sqrt{3{,}61} =$ $\quad \sqrt{20\frac{1}{4}} =$

Tipp

Die positive Zahl x nennt man Quadratwurzel aus der Zahl a: $\sqrt{a} = x$ ■

c Zwischen welchen natürlichen Zahlen liegt die Quadratwurzel von …? Sie liegt zwischen …

$\sqrt{37}$	$\sqrt{134}$	$\sqrt{641}$	$\sqrt{0{,}64}$	$\sqrt{0{,}0004}$	$\sqrt{\left(\frac{1}{4}\right)^2}$
liegt zwischen	liegt zwischen	liegt zwischen	liegt zwischen	liegt zwischen	liegt zwischen
___ und ___	___ und ___	___ und ___	___ und ___	___ und ___	___ und ___

9 Wurde richtig gerechnet bzw. umgeformt? – Erkläre gegebenenfalls den/die Fehler.

Aufgabe	Richtig	Falsch	Erklärung des Fehlers
$\sqrt{9} + \sqrt{16} = \sqrt{25} = 5$			
$\sqrt{3} \cdot \sqrt{3} \cdot \sqrt{3} \cdot \sqrt{3} = 9$			
$\sqrt{x} + \sqrt{x} = \sqrt{2x}$			
$\sqrt{36x^2} = 6x^2$			
$\sqrt{(9)^2} = 9$			
$(\sqrt{9})^2 = 9$			
$x^2 = 100 \Rightarrow x = 50$			

10 In der Zahlenpyramide werden nebeneinanderstehende Terme multipliziert und das Ergebnis in den darüber liegenden Stein eingetragen. Ergänze die Pyramide und prüfe, ob die Zahl im obersten Stein 128 ist.

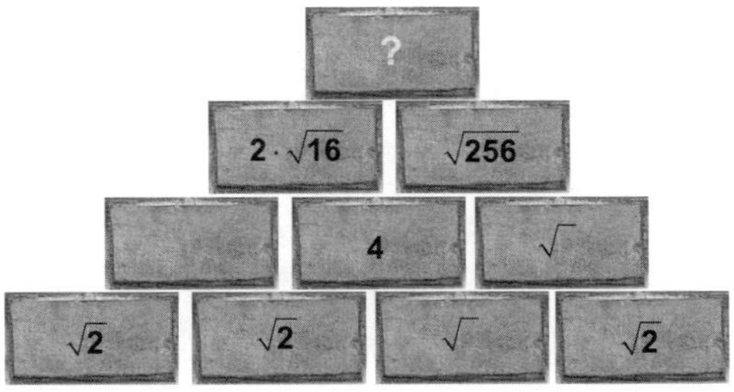

11 a Ein Quadrat hat einen Flächeninhalt von 200 cm^2. Wie lang ist eine Seite des Quadrats?

b Ein Würfel hat ein Volumen von 30 cm^3. Welche Kantenlänge hat der Würfel?

12 In der Fahrschule wirst du zur Berechnung des Bremswegs eines Fahrzeugs eine Faustformel lernen, die schnell im Kopf berechnet werden kann und ein gutes, aber nicht ganz präzises Ergebnis liefert:

$$\mathbf{s} = \mathbf{(v:10)^2}$$

$$\textbf{Bremsweg in Metern} = \left(\textbf{Geschwindigkeit in } \frac{\textbf{km}}{\textbf{h}} : \mathbf{10}\right)^2$$

Bei einer Geschwindigkeit von 60 $\frac{km}{h}$ ergibt sich ein Bremsweg von 36 Metern:
$s = (60:10)^2 \Rightarrow s = 6^2 \Rightarrow s = 36$

a Welcher Bremsweg ergibt sich bei einer Geschwindigkeit von 90 $\frac{km}{h}$?

b Wie hoch war die Geschwindigkeit bei einem Bremsweg von 49 m?

c Wie hoch darf die Geschwindigkeit höchstens sein, um innerhalb von 150 m zum Stehen zu kommen?

Tipp

1. Strahlensatz ■

13 a Bestimme die maximale Ausdehnung des Sees.

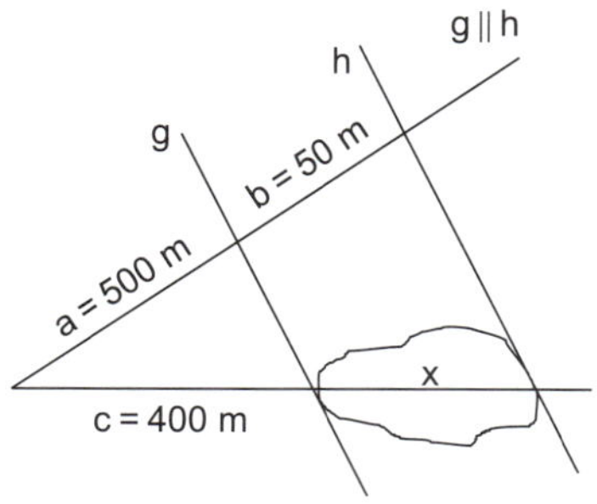

b Die Häuser der Familie Breuer (B) und der Familie Cerne (C) sind [illegible]
unwegsames Gelände nur über einen weiten Umweg [illegible]
Wie kurz wäre der Weg, wenn es eine direkte Verbindung [illegible]

Ma Ers Ga
S. 12/13
→ A4

Tipp

2. Strahlensatz ■

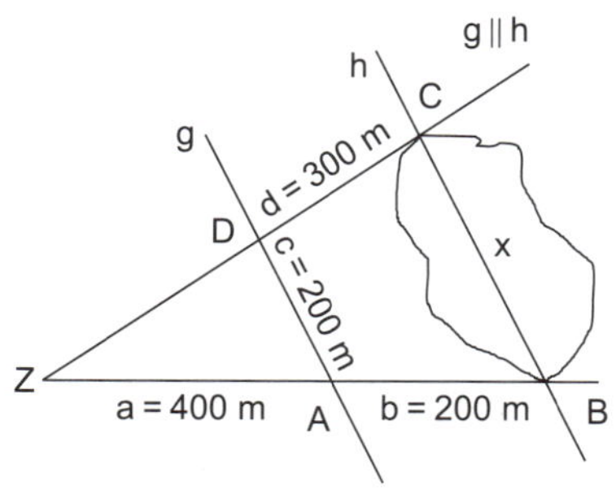

14 a Der Anstellwinkel darf bei Anlegeleitern nicht zu steil sein. Gemäß BGI 521 (Informationsschrift der Berufsgenossenschaften) muss eine Leiter, die 7,00 m hoch reicht, am Boden mindestens 2,00 m von der Hauswand abstehen. Die abgebildete Leiter ist ordnungsgemäß angestellt. Wie lang ist die Leiter mindestens?

Tipp

Verwende den Satz des Pythagoras und bedenke: Je steiler der Anstellwinkel, desto kürzer kann die Leiter sein. ■

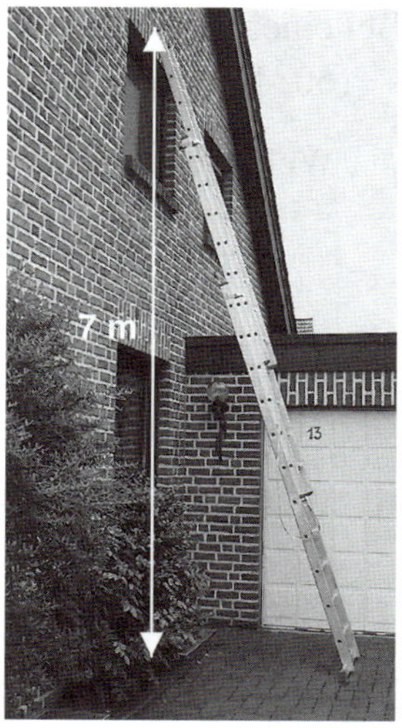

b Eine 3 m lange Anlegeleiter steht am Boden 1,20 m von der Hauswand ab. Wie hoch reicht die Leiter?

15 Peter will die Höhe des abgebildeten Turmes ermitteln. Hierzu stellt er zwei Stäbe so auf, dass sie beide senkrecht stehen und dass man über ihre oberen Enden die Turmspitze anpeilen kann. Die beiden Stäbe sind 1,00 m bzw. 2,00 m lang.

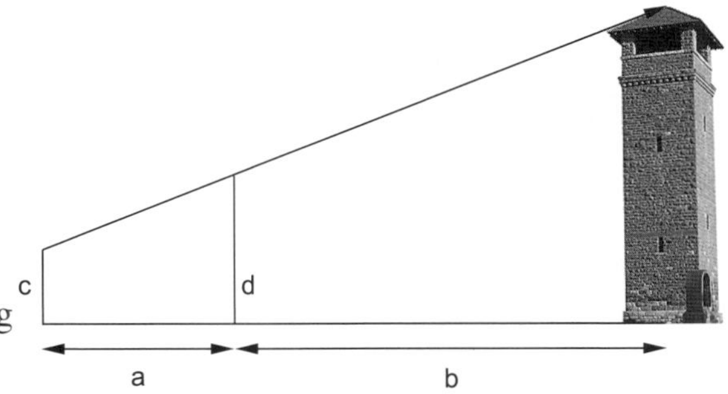

a Ermittle die Turmhöhe wie Peter, der die Abbildung bereits um eine Hilfsskizze (nicht maßstäblich) ergänzt und noch zwei Messungen durchgeführt hat: $a = 1$ m; $b = 25{,}00$ m

Tipp
Ergänze die Abbildung zu einer Strahlensatzfigur (2. Strahlensatz). ■

b Lisa und Lena wollen die Höhe des Turmes mithilfe eines Maßbandes ermitteln.
Wie könnten sie die Höhe des Turmes ermitteln?
Beschreibe eine Lösungsstrategie.
(Hinweis: Der Turm kann nicht bestiegen werden.)

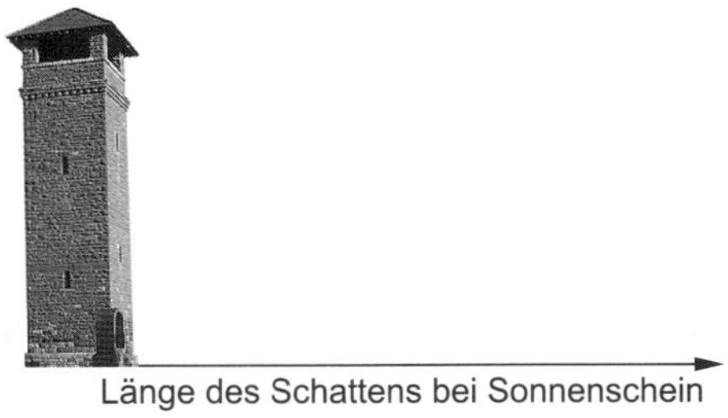

Tipp
Ergänze die Abbildung zu einer Strahlensatzfigur. ■

16 Bei einem ICE 1 weisen alle Waggons eine Länge von 26 400 mm, eine Breite von 3 020 mm und eine Höhe von 3 840 mm auf. Modelleisenbahnen der Nenngröße H0 werden im Maßstab 1 : 87 angefertigt. Kann Jonas ein H0-Modell eines Waggons auf ein Gleisstück von 34,34 cm Länge stellen?

Tipp
Modell und Wirklichkeit sind zueinander ähnlich. Die Seitenlängen von Modell und Wirklichkeit unterscheiden sich nur durch den Abbildungsfaktor (Ähnlichkeitsfaktor k). ■

17 Bei einem Dachausbau soll in einer Dachschräge mit den angegebenen Maßen in halber Höhe ein Regalbrett angebracht werden. Wie lang muss das Regalbrett $\overline{A_1B_1}$ sein, wenn von der Dachschräge folgende Maße bekannt sind?

$\overline{A_2B_2} = 1{,}50$ m; $\overline{SC} = 0{,}50$ m;

$\overline{SA_2} = 2{,}40$ m; $\overline{SA_1} = 1{,}20$ m

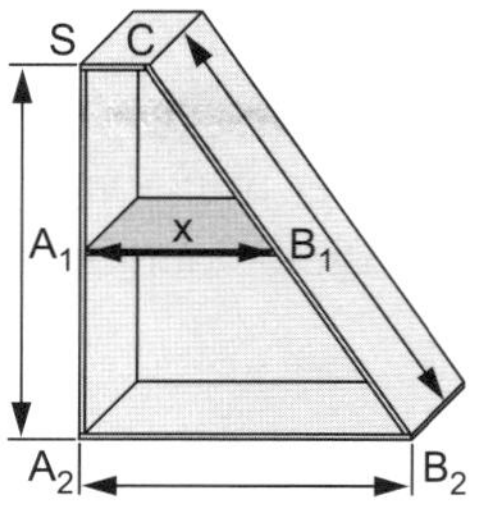

18 Hier siehst du eine Kopfbüste von Julius Cäsar.
Wie groß müsste ein entsprechendes Denkmal sein, das Julius Cäsar von Kopf bis Fuß im selben Maßstab darstellen soll?
Beschreibe, wie du zu deiner vermuteten Denkmalgröße kommst.

Tipp

Schätze und beachte das Verhältnis der Kopfgröße von Julius Cäsar und der Person auf dem Foto. ■

19 Berechne die fehlenden Werte für einen Kreis. Runde, wenn nötig, auf eine Dezimale.

Radius r	Durchmesser d	Umfang u	Flächeninhalt A
3,6 cm			
	15,4 m		
		10 m	
			200 cm^2

Tipp

Nutze zur Berechnung den Taschenrechner und die π-Taste. Wenn du keine π-Taste zur Verfügung hast, rechne mit $\pi = 3{,}14$. ■

20 Berechne die fehlenden Werte für Kreissektor und Kreisbogen. Runde, wenn nötig, auf eine Dezimale.

Radius r	Winkel α	Flächeninhalt A des Kreisausschnitts	Länge des Kreisbogens b
8 cm	90°		
	180°	250 m^2	
	60°		3,14 cm
5,2 cm			5,2 cm

Tipp

Kreissektor und Kreisbogen

$A = \frac{\pi \cdot r^2 \cdot \alpha}{360°}$

$b = \frac{\pi \cdot r \cdot \alpha}{180°}$

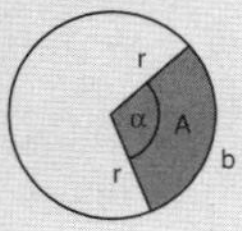

21 Berechne die fehlenden Werte für einen Kreisring. Runde, wenn nötig, auf eine Dezimale.

Flächeninhalt A des Kreisrings	Radius r_a	Radius r_i
	12 cm	8 cm
376,8 cm^2		1,5 cm

Tipp

Kreisring

$A = (r_a^2 - r_i^2) \cdot \pi$

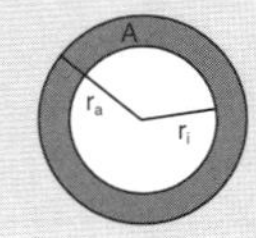

22 In einer Pizzeria gibt es drei Pizzagrößen.

a Ricardo behauptet, dass eine halbe große Pizza etwa genauso groß ist wie eine kleine Pizza. Hat er recht? Begründe.

b Carla teilt sich eine große Pizza mit ihren beiden Freundinnen. Erkläre mithilfe einer Skizze (Beschriftung), wie die Freundinnen die Pizza teilen sollten.

c Wie müsste der Kreissektor aussehen, den man von einer großen Pizza wegnimmt, damit der Rest die Größe einer mittleren Pizza hat?

Tipp

Berechne zunächst den Mittelpunktswinkel des Rests. ■

23 Jessica betrachtet den abgebildeten Traktor. Ihr Freund Justin bemerkt, dass der Durchmesser des hinteren Traktorreifens etwa doppelt so groß wie der der Hängerreifen ist. Jessica sagt: „Dann ist der Umfang des hinteren Traktorreifens auch doppelt so lang wie der der Hängerreifen.“
Stimmt das? Begründe.

24 Auf einem Kinderspielplatz wird ein kreisförmiger Sandkasten gebaut.
Um den Sandkasten wird ein 1,2 m breiter Weg angelegt.
Der Sandkasten hat einen Durchmesser von 4,20 m.

a Wie groß ist die Fläche des Weges?

Tipp

Mache zunächst eine Skizze mit allen Längenangaben. ■

b Wie breit würde der Weg, wenn nur eine Wegfläche von 8 m^2 entstehen soll?

25 Die Kreiszahl π (pi) ist eine mathematische Konstante, ihr numerischer Wert ist $\pi = 3{,}14159\ldots$
Sie beschreibt in der Geometrie das Verhältnis des Umfangs eines Kreises zu seinem Durchmesser (doppelter Radius).

a Die Kreiszahl π kannst du näherungsweise bestimmen, indem du an konkreten Gegenständen (Münzen, Flaschen, …) den Radius und den zugehörigen Umfang bestimmst.
Ermittle so experimentell einen Näherungswert für die Kreiszahl π. Beschreibe dein Vorgehen.

Tipp
Miss Umfang und Durchmesser verschiedener zylindrischer Gegenstände und erstelle eine Wertetabelle. ■

b Die Babylonier benutzten in der Antike als Annäherung an die Kreiszahl π den Wert $3 + \frac{1}{8} = 3{,}125$.
Vergleiche deinen Näherungswert für π aus Teilaufgabe a mit dem Wert der Babylonier. Berechne, um wie viel Prozent dein gefundener Näherungswert vom Wert, den dein Taschenrechner anzeigt, abweicht.

Tipp
Bestimme den Mittelwert der von dir gefundenen Näherungswerte für π. ■

c Paul sagt: *„Ich weiß, wie man den Wert für π noch etwas genauer bestimmen kann.“*
Beschreibe kurz, von welchen Verbesserungsmöglichkeiten Paul sprechen könnte.

Tipp

Bedenke zunächst bei allen Experimenten, welche Ergebnisse möglich sind. ■

26 Ist der Zufallsversuch ein Laplace-Experiment? Kreuze an und begründe.

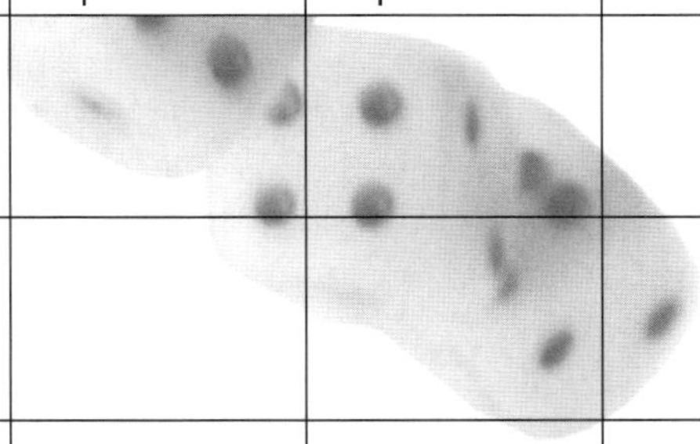

Zufallsexperiment	Laplace-Experiment	kein Laplace-Experiment	Begründung
Würfeln mit einem Spielwürfel			
Werfen einer Reißzwecke			
Ziehen der ersten Kugel beim Lotto			
Werfen einer Münze			
Ziehen eines Gummibärchens aus einer Tüte			
Würfeln mit einem Zylinder			

27 **a** Du wirfst einen Spielwürfel.
Wie hoch ist die Wahrscheinlichkeit, dass du eine gerade Augenzahl wirfst?

b Wie hoch ist die Wahrscheinlichkeit aus einem Skatspiel ein Bild (Bube, Dame oder König) zu ziehen?

Tipp

Ein Skatspiel hat 32 Karten in vier Farben (Karo, Herz, Pik, Kreuz). ■

c Auf einem Glücksrad befinden sich 10 gleich große Felder, die mit den Ziffern 0–9 beschriftet sind.
Wie hoch ist die Wahrscheinlichkeit, dass eine Zahl größer als 3 erdreht wird?

d Eine Lostrommel enthält 600 Lose. Zwei Drittel davon sind Nieten, 80 % des Restes ergeben Trostpreise, die übrigen ergeben Hauptgewinne.
Du ziehst das erste Los. Wie hoch ist die Wahrscheinlichkeit …

eine Niete zu ziehen?

einen Trostpreis zu erhalten?

keinen Hauptgewinn zu bekommen?

e Zeichne in das Glücksrad Felder mit den Ziffern 1–6 ein, sodass sich für das Ergebnis „5“ eine Wahrscheinlichkeit von ca. 33 % ergibt.

Tipp

Überlege, auf welche Weise eine Kreisscheibe sinnvoll unterteilt werden kann. Wie groß müssen die jeweiligen Felder sein? ■

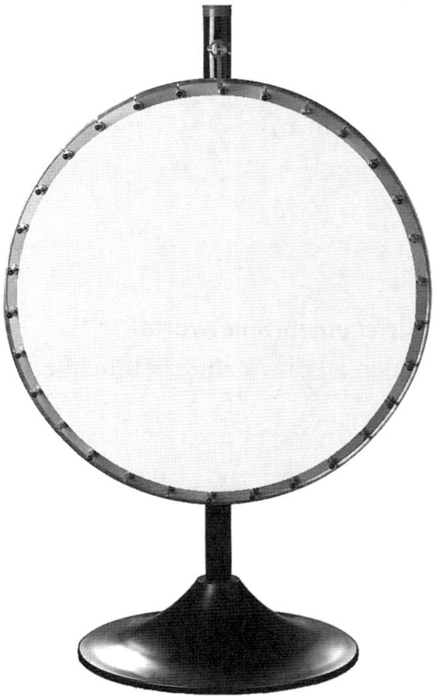

28 Aus den Ziffern 1, 2, 3 und 4 soll zufällig eine vierstellige Zahl gebildet werden, bei der jede Ziffer nur einmal vorkommt.

a Beschreibe, wie du ein solches Experiment durchführen würdest und welche Materialien du benötigst.

b Wie viele verschiedene Ergebnisse sind möglich?

Tipp

Wenn du keine Kenntnisse aus der Kombinatorik hast, solltest du alle Möglichkeiten auflisten. ■

c Wie hoch sind die Wahrscheinlichkeiten für folgende Ereignisse?

Die Zahl enthält eine 3.

Die Zahl ist ungerade.

Die Zahl ist durch 4 teilbar.

Tipp

Wende die Teilbarkeitsregel für 4 an. ■

29

In einem Gefäß befinden sich 3 rote und 7 schwarze Kugeln. Carla zieht nacheinander zwei Kugeln aus dem Gefäß. Selma zieht auch zwei Kugeln, sie legt allerdings die erste Kugel wieder zurück, bevor sie zum zweiten Mal zieht.
Lars behauptet: „Es ist egal, ob die erste Kugel zurückgelegt wird oder nicht. Die Wahrscheinlichkeit zwei schwarze Kugeln zu ziehen ist für beide gleich."
Widerlege seine Behauptung mithilfe der Baumdiagramme. Trage die Wahrscheinlichkeiten in die Diagramme ein.

Carla

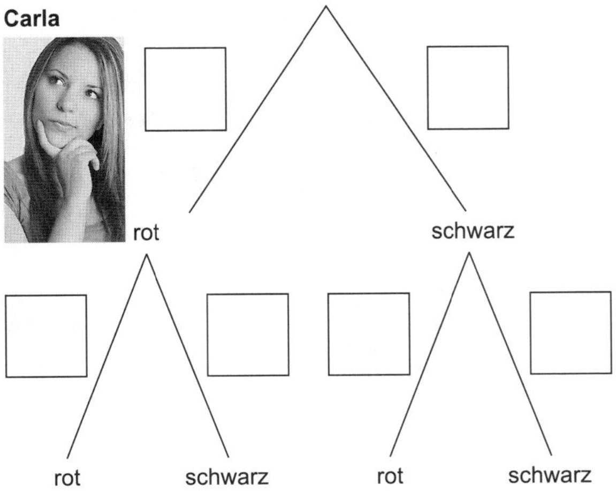

Selma

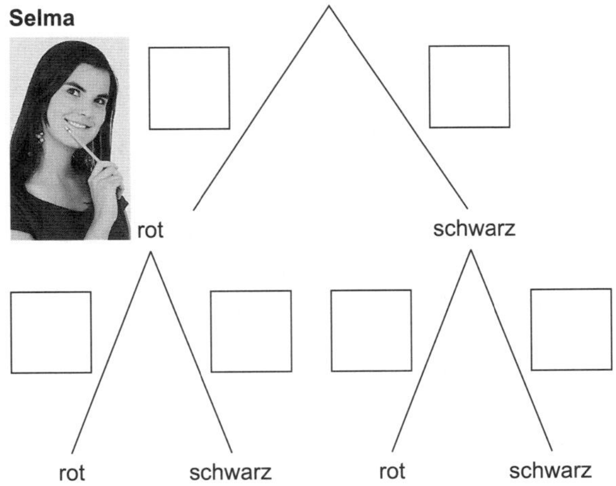

30 Ein Experiment:
Peter hat mit dem Quader 500-mal gewürfelt und dabei notiert, welche Augenzahl oben liegt.

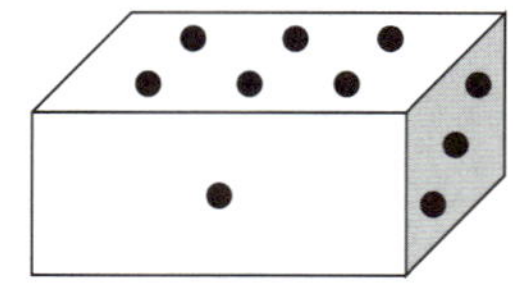

1	2	3	4	5	6
89	150	23	77	33	128

a Mit welcher relativen Häufigkeit wurde mit diesem Quader eine 3 gewürfelt?

b Welche Augenzahl liegt gegenüber der 1? Begründe.

c Vermute: Wie hoch ist die Wahrscheinlichkeit mit diesem Quader eine 6 zu würfeln?

31 Herr Sommer hält in seinem Garten vier Hühner, die jeweils ein Ei pro Tag legen. Am Sonntag nimmt er die zwölf gelegten Eier vom Freitag, Samstag und Sonntag aus dem Legenest. Auf den Eiern ist das jeweilige Gewicht in Gramm angegeben.

a Berechne den Mittelwert und den Median der Eiergewichte.

67, 68, 71, 72, 73, 75, 76, 76, 79, 80, 82, 84

$m = \frac{903}{12} = 75,25$

Median $= \frac{75+76}{2} = 75,5$

Max: 84 QU = unteres Quartil = 71,5

Min: 67 oberes Quartil = 79,5

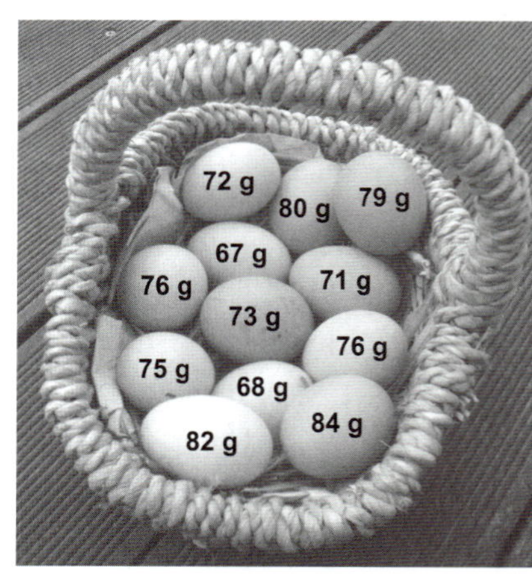

b Zeichne ein Boxplot-Diagramm zur Gewichtsverteilung der Eier.

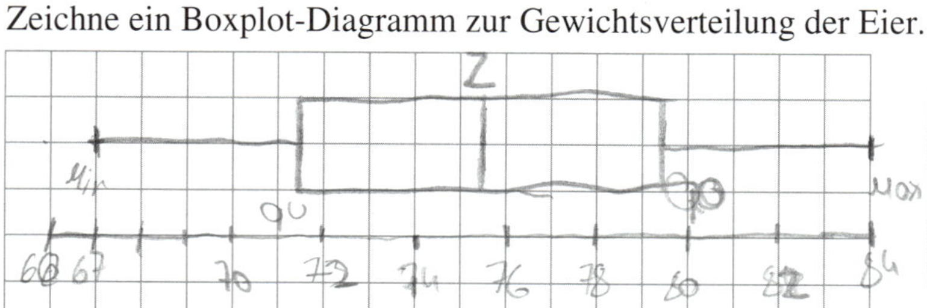

Tipp

Zur Erstellung eines Boxplot-Diagramms benötigst du fünf Kennwerte (Minimum, unteres Quartil, Median, oberes Quartil und Maximum). ■

c Frau Sommer nimmt zwei Eier aus dem Korb und kocht diese für ihren Mann und sich. Wie hoch ist die Wahrscheinlichkeit, dass beide ein ganz frisches Ei vom Sonntag erhalten? Stelle den Sachverhalt in einem Baumdiagramm dar.

32 Eine Schule lässt zu Beginn der Schulzeit über jeden Schüler ein Gutachten anfertigen, in dem eine Vorhersage über die Eignung für den Abschlusstest am Ende der Schulzeit gemacht wird. Man weiß aus langjährigen Statistiken, dass 85 % der Schüler als geeignet eingestuft werden. Allerdings garantieren diese Gutachten keine absolute Sicherheit. Zwar wird der Abschlusstest von 90 % der als geeignet eingestuften Schüler auch bestanden, aber immerhin 40 % der als nicht geeignet eingestuften Schüler bestehen den Abschlusstest ebenfalls.

a Erstelle für diesen Sachverhalt ein Baumdiagramm oder eine Vierfeldertafel.

Tipp

Unterscheide zwischen geeignet / nicht geeignet und bestanden / nicht bestanden. ■

b Wie viel Prozent der Schüler bekommen keinen Abschluss?

c Wie groß ist die Wahrscheinlichkeit, dass ein Schüler, der den Abschlusstest bestanden hat, auch als geeignet eingestuft wurde?

33 Berechne die fehlenden Werte für einen Zylinder.
Runde, wenn nötig, auf eine Dezimale.

Radius r	Körperhöhe h	Volumen V	Mantelfläche M	Oberfläche O
2,5 cm	4,6 cm			
8 cm				502,4 cm^2
6 cm		1 130,4 cm^3		
	15 cm	1 Liter		

Tipp

Zylinder
$V = r^2 \cdot \pi \cdot h$
$M = 2 \cdot r \cdot \pi \cdot h$
$O = 2 \cdot r \cdot \pi \cdot (r + h)$

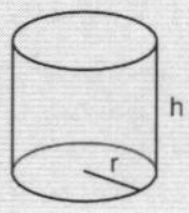

34 Auf einer Konservendose mit einem Durchmesser von 9,8 cm und einer Höhe von 11,2 cm steht:
Inhalt 720 ml
Sind die folgenden Aussagen richtig? Begründe rechnerisch.

a *„In die Dose würden auch 0,8 Liter passen.“*

b *„Hätte die Dose einen doppelt so großen Durchmesser, könnte sie die dreifache Menge fassen.“*

c *„Für den Werbeaufdruck reichen 350 cm² Papier."*

Tipp

Die Fläche der Banderole für den Werbeaufdruck entspricht der Mantelfläche. ■

35 Berechne die fehlenden Werte für eine quadratische Pyramide.
Runde, wenn nötig, auf eine Dezimale.

Grundseite a	Körperhöhe h	Seitenlinie h_s	Volumen V	Mantelfläche M	Oberfläche O
14 cm	18 cm				
6 cm		12 cm			
2,5 m			6,25 m³		
4,5 cm				180 cm²	

Tipp

Quadratische Pyramide

$V = \frac{1}{3} \cdot a^2 \cdot h$

$M = 2 \cdot a \cdot h_s$

$O = a^2 + 2 \cdot a \cdot h_s$

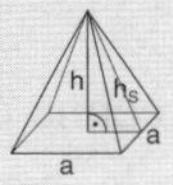

36 Ein Haus mit einer quadratischen Grundfläche von 144 m² hat ein pyramidenförmiges Dach mit einer Höhe von 4 m.
Sind die folgenden Aussagen richtig? Begründe rechnerisch.

a *„Im Dachgeschoss steht ein Raumvolumen von 192 m³ zur Verfügung."*

b *„Für die Dacheindeckung benötigt man mindestens 250 m^2 Dachziegel."*

Tipp

Hier brauchst du den Satz des Pythagoras. ■

c *„Würde man die Dachhöhe um zwei Meter auf 6 m erhöhen, würde sich das Volumen des Dachgeschosses verdoppeln."*

37 Berechne die fehlenden Werte für einen Kegel.
Runde, wenn nötig, auf eine Dezimale.

Radius r	Körperhöhe h	Seitenlinie s	Volumen V	Mantelfläche M	Oberfläche O
3 cm	9 cm				
5,1 cm		12,3 cm			
	25 cm		1,2 dm^3		
4,2 cm					178 cm^2

Tipp

Kegel

$V = \frac{1}{3} \cdot \pi \cdot r^2 \cdot h$

$M = r \cdot \pi \cdot s$

$O = r^2 \cdot \pi + r \cdot \pi \cdot s$

38 Auf einem kegelförmigen Messbecher mit einem Durchmesser von 10,2 cm und einer Höhe von 13 cm steht: Abmessungen bis zu einem Viertel Liter.
Sind die folgenden Aussagen richtig? Begründe rechnerisch.

a *„In den Messbecher würden auch 350 cm³ passen.“*

b *„Hätte der Messbecher einen doppelt so großen Durchmesser (bei gleicher Höhe), könnte er die vierfache Menge fassen.“*

c *„Für den Außenaufdruck steht maximal eine Fläche von 250 cm² zur Verfügung.“*

39 Kai möchte sich einen Laptop kaufen. Im Vorfeld recherchiert er im Internet bei einer Auktionsbörse die dortigen Verkaufspreise (inklusive aller Nebenkosten). Er findet 13 abgelaufene Auktionen für neue Laptops des gesuchten Typs und listet sie mithilfe einer Tabellenkalkulation auf.

	A	B
1	**Angebot**	**Preis**
2	1	619,00 €
3	2	379,00 €
4	3	582,00 €
5	4	559,00 €
6	5	598,00 €
7	6	222,00 €
8	7	622,00 €
9	8	599,00 €
10	9	569,00 €
11	10	466,00 €
12	11	655,00 €
13	12	633,00 €
14	13	563,00 €
15		
16	Mittelwert	
17	Median	582,00 €

a In Zelle B15 gibt er die Formel **=SUMME(B2 : B14)** ein. Welcher Zahlenwert erscheint dann in Zelle B15?

b In Zelle B16 soll der Mittelwert (arithmetisches Mittel) der 13 Angebote erscheinen. Welche Formel sollte Kai in Zelle B16 eintragen?

Formel in Zelle B16: =

c Kai vergleicht den Mittelwert aus Zelle B16 mit dem ermittelten Median aus Zelle B17. Der Angebotspreis eines Elektromarktes (559,00 €) liegt zwischen diesen beiden Werten, ist aber nur einen Tag gültig. Kai überlegt, ob er das Angebot wahrnehmen soll oder lieber an einer Internetauktion (die mehrere Tage dauert) teilnehmen soll, mit dem Risiko womöglich einen höheren Preis zahlen zu müssen. Seine Freundin Carla sagt: „Bei der Auktionsbörse kannst du den Laptop viel günstiger als im Elektromarkt ersteigern!" Kai ist anderer Meinung und argumentiert mithilfe des Medians (Zelle B17). Wie könnte seine Argumentation für den Kauf im Elektromarkt aussehen?

d Kais Freund Christian schaut sich die Tabelle (oben) an und behauptet: „Die Wahrscheinlichkeit, dass du bei einer Internetauktion für den Laptop über 600,00 € bezahlen musst, beträgt $\frac{4}{9}$ oder ca. 44 %." Hat Christian recht? Begründe.

Ein Marktforschungsinstitut hat die Internetauktionspreise von Laptops längerfristig beobachtet und mit den günstigsten Einzelhändlerpreisen in einer Großstadt verglichen.

	A	B	C
1	**Internet-Auktion ist …**	**absolute Häufigkeit**	**relative Häufigkeit in %**
2	**… günstiger als der billigste örtliche Anbieter**	359	38,9
3	**… etwa gleich teuer wie der billigste örtliche Anbieter**	142	15,4
4	**… teurer als der billigste örtliche Anbieter**	422	45,7
5			
6	Summe	923	

e In Zelle C2 ist die relative Häufigkeit für günstige Internetauktionen berechnet worden. Nenne die Formel, die in Zelle C2 eingetragen wurde.

Formel in Zelle C2: =

40 Zucker wird oft als kegelförmiger „Zuckerhut“ angeboten. Der abgebildete Zuckerhut hat ein Gewicht von $m = 250$ g, die Dichte dieser Zuckersorte beträgt etwa $\rho = 1{,}6\,\frac{\text{g}}{\text{cm}^3}$.

Tipp

Dichte $\rho = 1{,}6\,\frac{\text{g}}{\text{cm}^3}$ bedeutet:
Jeder 1 cm^3 Zucker wiegt 1,6 g. ■

a Welches Volumen hat der Zuckerhut?

b Überprüfe, ob dieser kegelförmige Zuckerhut einen Radius von $r = 3{,}7$ cm und eine Körperhöhe von $h_K = 11{,}1$ cm haben kann.

Der kegelförmige Zuckerhut eines anderen Herstellers hat ein Volumen von 200 cm^3.

c Wie könnte der Zuckerhut aussehen? Nenne mögliche Maße für den Radius r und die Körperhöhe h.

Beim Zuckerhut des anderen Herstellers stehen Radius und Körperhöhe in einem Verhältnis von 1 : 3, das bedeutet, dass die Körperhöhe dreimal so groß ist wie der Radius.

d Welche Maße müssen r und h dann haben?

e In welchem Verhältnis stehen dann Radius r und Seitenlänge s?

Tipp

Verwende den Satz des Pythagoras. Eventuell hilft dir auch eine Skizze weiter. ■

Zucker wird auch in Würfelzuckerstücken mit einer Kantenlänge von 16 mm angeboten.

f Wie viele solcher Würfelzuckerstücke entsprechen dem Zuckerhut aus Teilaufgabe c?

41 Familie Sommer muss umziehen und will sich für einen Tag einen Kleintransporter leihen. Die Familie hat die Wahl zwischen drei Angeboten.

a Stelle für jedes Angebot die Funktionsgleichung

$\underset{\text{Weg in Kilometer}}{x} \rightarrow \underset{\text{Mietpreis in Euro}}{y}$

auf und zeichne die zugehörigen Grafen (bis 500 km) in das Koordinatensystem.

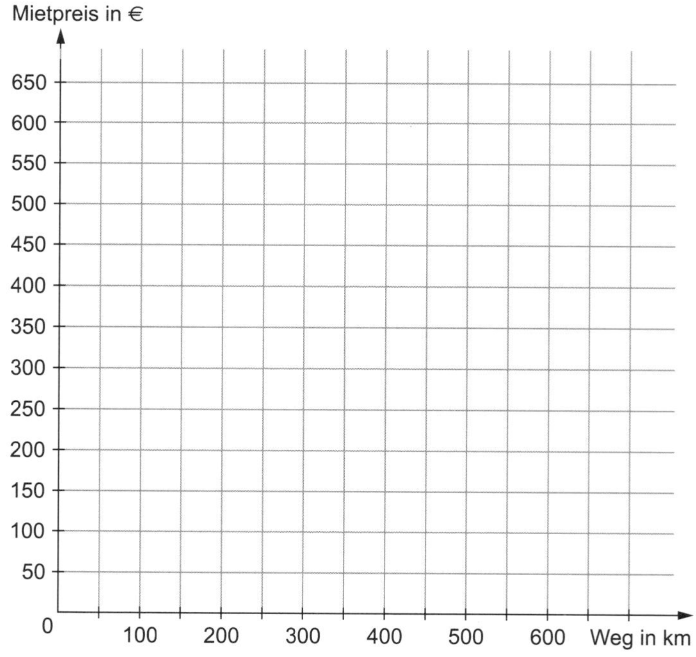

b Die Fahrzeuge der Anbieter sind gleichwertig. Erläutere, wie sich Familie Sommer hinsichtlich der drei Angebote verhalten sollte.
Hinweis: Jedes Angebot kann vorteilhaft sein, begründe deine Entscheidung in ganzen Sätzen.

Tipp

Gehe in deiner Begründung von der Entfernung aus. ■

c Hier sind vier Angebote in Form von Grafen vorgeben.

A

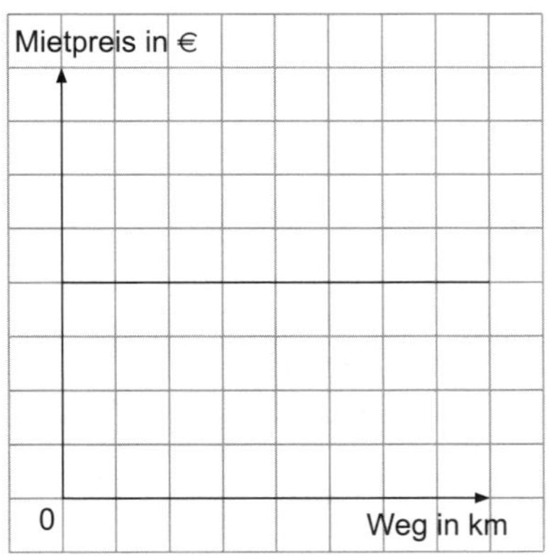

B

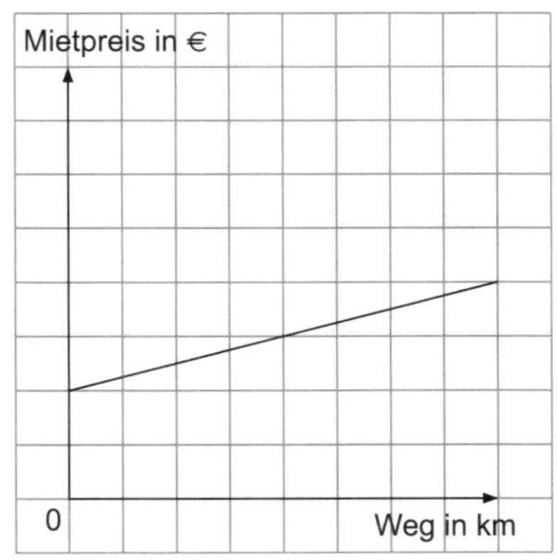

C

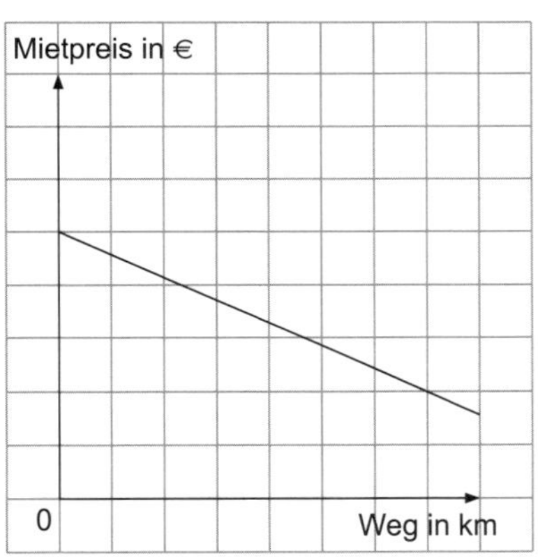

D

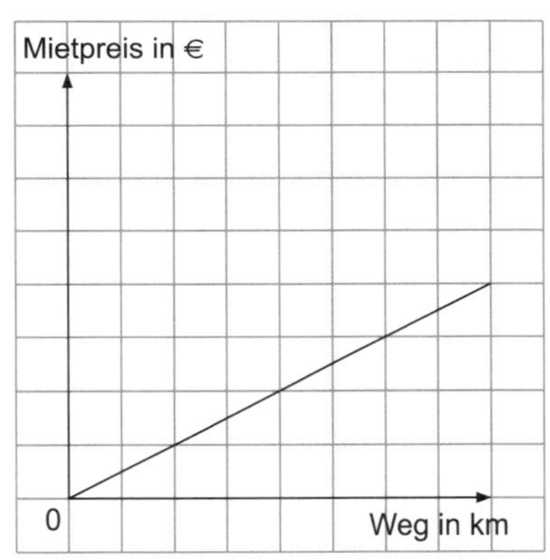

Ordne die Grafen den richtigen mathematischen Eigenschaften und den zutreffenden Aussagen zu.

☐	Proportional	☐	Das Angebot ist ein Festpreis.
☐	Steigend mit y-Achsenabschnitt >0	☐	Das Angebot beinhaltet eine Grundgebühr.
☐	Linear mit $m=0$	☐	Das Angebot ist unrealistisch.
☐	Linear mit $m<0$	☐	Das Angebot hängt nur von den gefahrenen Kilometern ab.

d Skizziere einen Grafen für folgenden Tarif:
Es ist eine Grundgebühr zu zahlen. Die ersten 100 km sind doppelt so teuer wie die nächsten 100 km. Für alle weiteren gefahrenen Kilometer entstehen keine weiteren Gebühren.

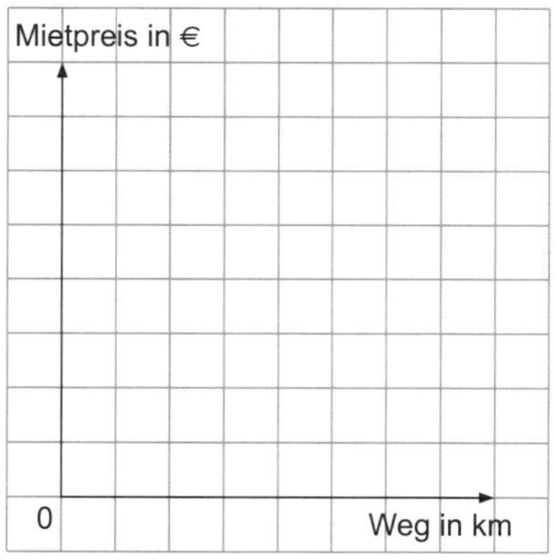

42 Windräder finden sich in vielen Teilen der Bundesrepublik. Bei dem abgebildeten Windrad beträgt die Nabenhöhe 68 m und der Rotordurchmesser 62 m. Der Strom wird vor Ort in das Energieversorgungsnetz eingespeist. Die Technik moderner Windkraftanlagen erlaubt es, den erzeugten Strom in einer breiten Drehzahlspanne von 18 bis 38 Rotorblattumdrehungen pro Minute in das Stromnetz einzuspeisen.

a Eine Gemeinde genehmigt den Bau von Windrädern nur, wenn die maximale Höhe von 100 Metern nicht überschritten wird. Darf dieser Windradtyp in der Gemeinde gebaut werden? Begründe.

b Welchen Weg muss die Spitze eines Rotorblattes dieses Windrades in einer Minute mindestens zurücklegen, damit Strom in das Energieversorgungsnetz eingespeist werden kann?

Tipp
Der zurückgelegte Weg bei einer Umdrehung entspricht … ■

c Die durchschnittliche Energieeinspeisung dieser Anlage ist mit 250 kW pro Stunde kalkuliert. Eine Dorfgemeinschaft kalkuliert den jährlichen elektrischen Energiebedarf auf knapp 2 Millionen kWh. Könnte die Anlage zur elektrischen Selbstversorgung des Dorfes ausreichen?

d In einer windgünstig gelegenen Gegend soll auf einer quadratischen Fläche von einem Quadratkilometer eine Windparkanlage entstehen. Für Industrie- und Erwerbsflächen ist ein Mindestabstand von 250 m zwischen den einzelnen Windrädern (gemessen von Turm zu Turm) erforderlich.
Wie viele Windräder lassen sich bei optimaler Ausnutzung der gesamten Fläche errichten?

Tipp

Lösung: Zeichne die Anzahl der möglichen Windräder ein!
Maßstab: 1 : 10 000 ■

Antwort:

e Peter stellt folgende Behauptung auf: „Betrachtet man die Windräder in dieser Windparkanlage, so kann der Abstand zwischen zwei beliebig gewählten Windrädern dieser Parkanlage nicht größer als 1 414 m sein.“
Stimmt seine Behauptung? Begründe.

43 Bäcker Teig hat eine neue Verkaufsidee. Er findet es langweilig immer gleich große Kuchenstücke zu schneiden. Diese Woche schneidet er den 5 cm hohen Kuchen aus seiner Dreiecksform (gleichseitiges Dreieck mit Grundseite a = 40 cm) in fünf Stücke, wie du es auf dem Bild sehen kannst. Die Schnitte macht Bäcker Teig dabei immer im gleichen Abstand. Die einzelnen Kuchenstücke will er der Größe nach zu Preisen von 1 €, 3 €, 5 €, 7 € bzw. 9 € verkaufen.

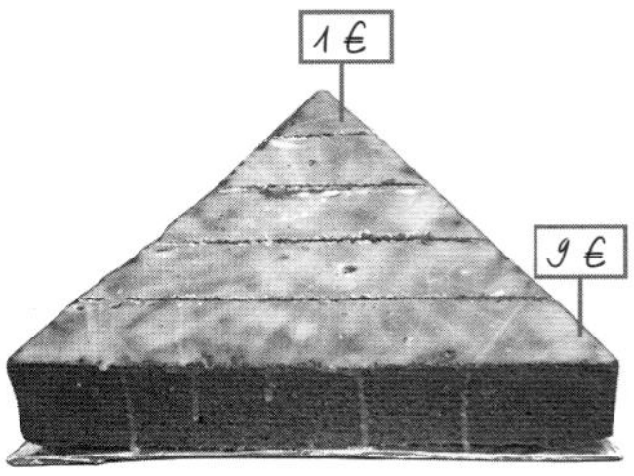

a Prüfe, ob die Preise fair sind.

Tipp

Zerlege in Teilflächen und löse mithilfe der Strahlensätze. Das Einzeichnen der Höhen hilft dir dabei weiter. ■

b Bäcker Teig hat zwei Dreieckskuchen gebacken. Der zweite Kuchen wird in einem Karton in Form des Kuchens verpackt und an einen Kunden verschickt. Damit der Kuchen problemlos in den Karton passt, ist dieser sowohl in der Grundfläche als auch in der Höhe um 5 % größer als der Kuchen. Zeichne für den Karton ein mögliches Netz im Maßstab 1 : 10.

c Wie viel Pappe wird zur Herstellung eines Kartons benötigt?
Gehe bei der Materialberechnung von dem Netz aus Teilaufgabe b aus.

d Auf welchen der folgenden Tische kann man gleichzeitig die meisten noch nicht in Stücke geschnittenen Kuchen abstellen? Kreuze an und begründe deine Entscheidung.

Tipp

Beachte die besonderen Eigenschaften eines gleichseitigen Dreiecks. ■

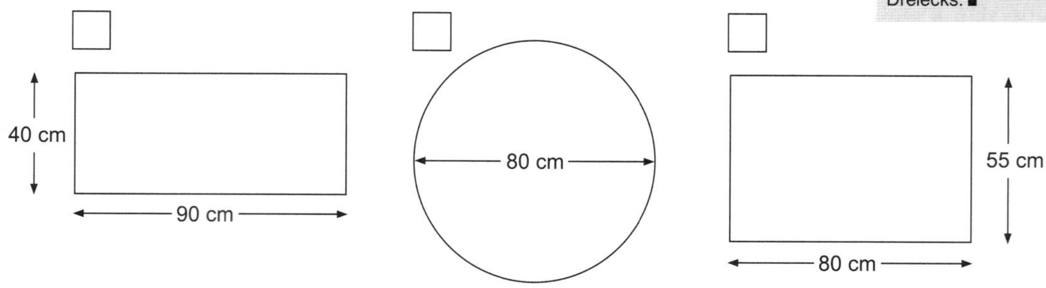

44 Auf dem Foto ist der Futterbehälter (Futtersilo) von Bauer Karl abgebildet. Sicherlich erkennst du, dass dieser aus zwei Körpern zusammengesetzt ist, einem Zylinder und einem Kegel. Der Futtersilo hat in etwa folgende Maße:

Zylinderhöhe $h = 4{,}50$ m

Zylinderdurchmesser $d = 2$ m

Kegelhöhe $h_k = 1{,}50$ m

a Zeichne das Schrägbild des Silos maßstabsgetreu als zusammengesetzten Körper aus Zylinder und Kegel.

Tipp

Wähle einen geeigneten Maßstab. ■

b Der gesamte Behälter muss dringend einen Neuanstrich von außen erhalten. Für die Halterungen werden 2,5 Liter Metallfarbe benötigt. Bauer Karl schätzt, dass er für den gesamten Futterbehälter neben den 2,5 Litern Metallfarbe mit 6 weiteren Litern Farbe auskommt, wenn 1 Liter Farbe für ca. 7 m^2 reicht. Prüfe seine Überlegung.

Tipp

Überlege, welche Flächen noch gestrichen werden müssen und berechne sie. Nutze den Satz des Pythagoras. ■

c Carmen, das Patenkind von Bauer Karl, möchte wissen, wie viel Futter in diesen Futtersilo hineinpasst. Sie schätzt 30 m^3.
Was schätzt du? Überprüfe deine Schätzung anschließend durch Berechnung.

☐ 5 m^3 ☐ 10 m^3 ☐ 15 m^3 ☐ 20 m^3 ☐ 30 m^3

d Die Spitze des Futtersilos ist noch bis zur halben Höhe mit Futter gefüllt. Muss der Futtersilo unbedingt vor der nächsten Fütterung neu befüllt werden, wenn für jede Fütterung 250 Liter Futter entnommen werden müssen?

Tipp

Nutze die Strahlensätze zur Lösung. ■

e Der leere Tank wird gleichmäßig mit Futter gefüllt. Hier findest du verschiedene Füllgrafen. Welcher Graf zeigt, wie sich die Füllhöhe mit der Zeit ändert? Begründe.

Graf A Graf B Graf C Graf D Graf E

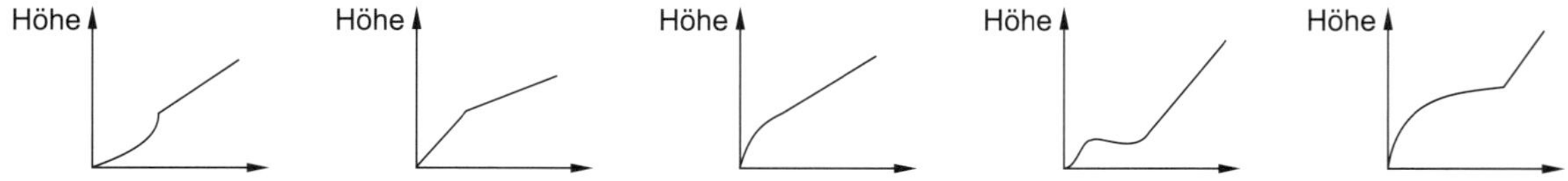

f Zeichne einen Futtersilo, der zu einem der anderen Füllgrafen passt.

45 Der Eingang des berühmten Pariser Kunstmuseums „Louvre“, in dem z. B. Leonardo da Vincis „Mona Lisa“ hängt, wird durch eine Glaspyramide mit quadratischer Grundfläche gebildet. Deren Breite beträgt ungefähr 35,40 m, ihre Raumhöhe etwa 21,60 m.

a Zeichne ein maßstabsgetreues Schrägbild der Pyramide.

b Stell dir einmal vor, du müsstest die Glasscheiben der Pyramide von innen und außen putzen. Für sichere Arbeitsbedingungen ist gesorgt. Glaubst du, dass du alle Glasscheiben in 10 Tagen (fünf Stunden Putzzeit pro Tag) putzen könntest, wenn du in einer Stunde 25 m^2 schaffen würdest? Begründe durch Rechnung.

Tipp

Berechne zunächst den Flächeninhalt eines der vier (kongruenten) Seitendreiecke und dann die gesamte innen und außen zu reinigende Glasfläche.
Mit diesen Informationen kannst du die genaue Zeit berechnen. ■

c Für die großen Seitenstreben (Seitenkanten) dieser Pyramide wurden Edelstahlträger verwendet.
Wie viel Meter Edelstahl waren hierzu insgesamt notwendig?

Tipp

Die Gesamtlänge der Eisenträger erhält man, wenn man die vier Seitenstrebenlängen addiert. ■

d Bestimme die Seitenlängen einer einzelnen Glasscheibe. (Den Rahmen um die einzelnen Glasscheiben brauchst du nicht zu beachten.)

Tipp

Die einzelnen Glasflächen haben die Form von Rauten. ■